神奇的大脑

张劲硕　史军◎编著　余晓春◎绘

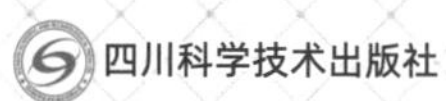

图书在版编目 (CIP) 数据

神奇的大脑 / 张劲硕，史军编著；余晓春绘．--
成都：四川科学技术出版社，2024.1
（走近大自然）
ISBN 978-7-5727-1214-2

Ⅰ．①神… Ⅱ．①张… ②史… ③余… Ⅲ．①大脑 - 少儿读物 Ⅳ．① R338.2-49

中国国家版本馆 CIP 数据核字 (2023) 第 233986 号

走近大自然　神奇的大脑

ZOUJIN DAZIRAN　SHENQI DE DANAO

编 著 者　张劲硕　史　军
绘　　者　余晓春

出 品 人　程佳月
责任编辑　潘　甜
助理编辑　叶凯云
封面设计　王振鹏
责任出版　欧晓春
出版发行　四川科学技术出版社
成都市锦江区三色路 238 号　邮政编码　610023
官方微博　http://weibo.com/sckjcbs
官方微信公众号　sckjcbs
传真　028-86361756
成品尺寸　170 mm × 230 mm
印　　张　16
字　　数　320 千
印　　刷　河北炳烁印刷有限公司
版　　次　2024 年 1 月第 1 版
印　　次　2024 年 1 月第 1 次印刷
定　　价　168.00 元（全 8 册）

ISBN 978-7-5727-1214-2

邮　　购：成都市锦江区三色路 238 号新华之星 A 座 25 层　邮政编码：610023
电　　话：028-86361770

目录

MULU

心流让人进入超凡境界

什么是“心流”？“心流”是著名心理学家契克森米哈赖提出的。所谓“心流”，就是当你特别专注地做一件目标明确而又有挑战的事情，且你的能力恰好能应对这个挑战时，你可能会进入的一种全神贯注的愉悦状态。当你进入心流状态时，你就会忘记自我，忘记时间的流逝，并且能够毫不费力地完成当下的事情，同时产生强烈的愉悦感。几乎所有活动都有可能触发心流。心流可谓是一种理想的意识状态，因为它能带给人无比幸福的心理体验。运动员呈现出的“巅峰状态”，作家及艺术家的“灵思泉涌”，棋手的“运筹帷幄”，无疑都是因为他们进入了心流之境。

美国心理学家卡尼曼将人类的思维系统分为“直觉”和“理性”这两种。他认为，直觉思维的运行是无意识且快速的，几乎不费脑力；理性思维的运行是有意识且慢速的，需要耗费一定的脑力。根据卡尼曼的观点，当你处于心流状态时，你大脑里负责理性思维的区域活动会减弱，而负责直觉思维的区域活动会增强，此时你会产生一种轻松流畅的感觉，从而毫不费力便可完成当下的任务。

科学家发现，大脑前额叶皮质（大脑额叶的前部）与心流密切相关。当你处于意识清醒的状态时，你的大脑前额叶皮质活跃区域较多，此时，脑电波中会出现较多高频率的 β 波。一旦你进入心流状态，大脑前额叶皮质的活跃区域就减少了。在进入心流状态的过程中，你的脑电波会从活跃的 β 波慢慢降低为平缓的 α 波，最后变成类似催眠状态下的 θ 波，此时你的意识就会中断。科学家发现，θ 波对触发人的深层记忆、强化长期记忆等帮助极大，因此，θ 波被称为“通往记忆与学习的闸门”。

人类的所有活动都有可能触发心流

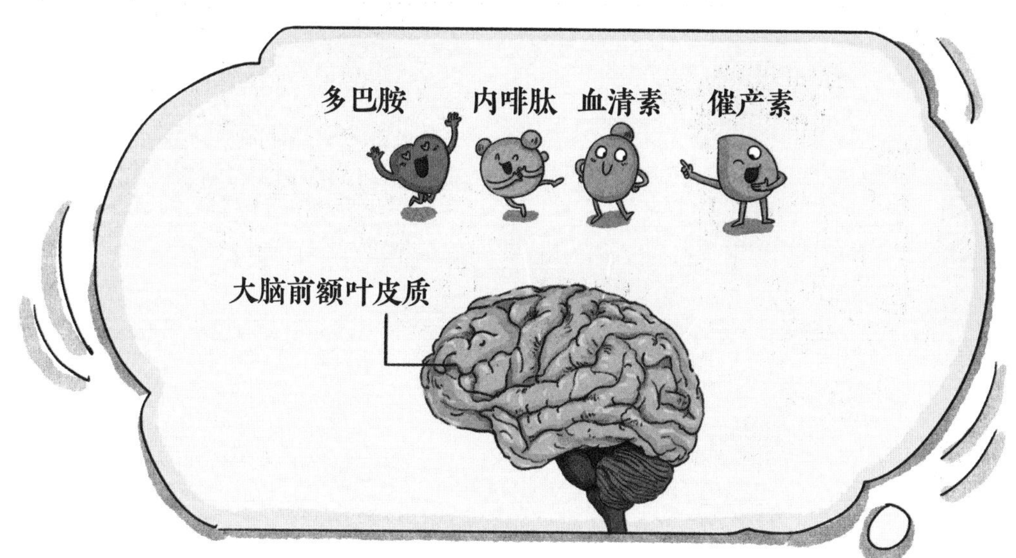

进入心流状态后，你的体内就会释放大量能让你感到愉悦的物质，比如多巴胺、内啡肽、血清素和催产素等，这些物质引起的愉悦感让你更有干劲，从而让你更加投入。那么，忘记自我、忘记时间的流逝又怎么解释呢？当处于心流状态时，你的大脑会关闭前额叶皮质中负责运行“自我批评”的区域，科学家把这种关闭称为“短暂额叶减退”。在这期间，你可以真正摆脱心里的杂念，获得真正的宁静，从而能够以全新的视角去认识事物。对时间的感知是由大脑皮质、小脑等不同脑区共同负责的，当你的大脑出现“短暂额叶减退”时，与心流相关的前额叶皮质就停摆了，此时，你的大脑会暂时失去对时间流逝的感知。

心流人生

研究表明，普通人想要进入心流状态，需要同时具备以下四个条件：

第一，集中注意力。“王羲之吃墨”的故事就说明了集中注意力是进入心流的关键。你的注意力越集中，你就越容易进入心流状态。

第二，有明确的目标。进入心流状态的人之所以能够完全投入当下的事情中，就是因为他们有明确的目标。比如，棋手的目标就很明确，每走一步棋，都在判断自己是否距离目标又近了一些。想要进入心流状态，你的目标是什么不重要，重要的是这个目标能够使你的注意力更加集中。

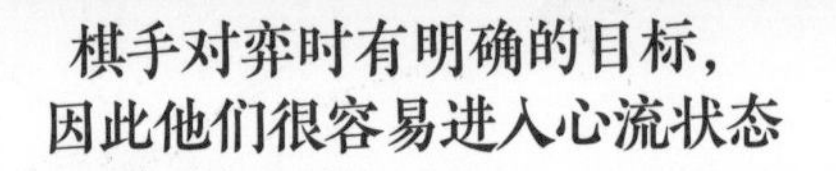

棋手对弈时有明确的目标，
因此他们很容易进入心流状态

第三，有及时的反馈。研究发现，很多外科医生都进入过心流状态，原因之一就是他们在做手术时能够得到及时的反馈。比如，病变部位全部切除，就表明手术的第一步成功了；只要病人的手术切口不再出血，则表明手术任务基本上大功告成。明确的目标指导你该做什么，而及时的反馈告诉你该如何改进，这样你的大脑就不容易走神。

很多外科医生都进入过心流状态

第四，难度适宜的挑战。能够造就心流的活动必然都有挑战性，而且这种挑战是与你的自身能力相匹配的。这是因为，当你挑战的目标大大超过你的能力时，你会产生焦虑感；而当你的能力远远高过你所设定的目标时，你很快就会产生厌倦感。因此，想要进入持续的心流状态，你所挑战的任务难度必须与你的能力相匹配。

揭秘被大脑科学所证明的高效记忆法

世界上记忆力最强的人是谁？根据吉尼斯世界纪录，此人是多米尼克·奥布莱恩——他可以用 30 分钟记住 2 385 个随机产生的数字，用 26.8 秒记住一副扑克牌的顺序。在一次挑战中，多米尼克需要准确记忆 54 副扑克（去掉大小王后共有 2 808 张牌）的排列顺序。他花了 3 个小时来记忆这些已经被洗得非常充分的扑克牌，然后用了 1 个小时对自己大脑中的记忆进行整理，最终他仅花了 4 个小时便回忆出这 2 808 张牌的顺序。该挑战赛允许有 0.5% 的误差，也就是允许有 14 张牌的顺序错误，但多米尼克仅弄错了 8 张牌！

研究发现，记忆力超群者的脑部结构与普通人并没有区别，但记忆力越强的人，其海马体和某些脑区的联系越紧密。

记忆力强大固然令人羡慕，但有时无法遗忘也是一种痛苦。据说，一名英国男孩记得自己近10年来吃过的每顿饭、穿过的每件衣服、做过的每件事。这种无差别记得所有事情的病，叫作“超忆症”。目前全球大概有80人患此病，而科学家在2006年才第一次发表与该病相关的论文。超忆症患者其实很痛苦，他们虽然有超强的记忆力，却丧失了“遗忘”的能力。正常人的记忆模式是“主动记忆”，可以选择记住自己想记住的事儿，而忘记那些不愉快的事儿。从这个角度来看，遗忘其实是一种自我保护。

记忆在大脑中的存储

如果有人问你上周二晚饭吃了什么，你多半想不起来；如果问你去年大年三十的午饭吃了什么，即使你不能脱口而出，但稍微回想一下想必就能回答上来。这是为什么？

记忆实际上是编码（把信息输入大脑）、存储（在大脑中保存信息）和检索（在需要的时候从大脑中提取信息）信息的过程。

编码时，对信息加工得越深入，信息就越可能被长期记住。那么，记忆在大脑中是怎样被存储的呢？记忆存储在神经元与神经元之间的连接中，每个神经元和其他神经元之间都有直接或间接的突触连接。当记忆被编码、存储之后，大脑会在需要的时候来检索记忆。

当大脑在记忆中检索特定信息时，一些和特定线索相关的神经会被激活。随着被激活的信号传递到与目标信息相关的神经，相关的记忆就会迅速呈现在脑海之中。记忆能否被成功检索，取决于线索与线索之间的联系。如果与一条记忆有关的线索数量太少，你就多半无法回想起来。

大年三十是一个重要的、有意义的日子，因此你的大脑在储存记忆时就会在大年三十、午饭、来了哪些亲朋好友、他们都干了些什么等信息之间建立充分的联系。对信息进行这样的深入加工，能帮助你更好地回忆。相反，对于平平无奇的上周二的晚饭，大脑在储存记忆时不会建立太多联系，也难怪你想不起那天晚上到底吃了什么。

提高记忆力的有效方法

研究表明，通过采用和记忆力超群者相似的记忆训练方式，大多数人也可以拥有较强的记忆力。然而，这样的记忆训练不仅耗时巨长，而且并非适用于所有人。那么，普通人如何有效地提高自己的记忆力呢？

当你在阅读过程中看到一个新的内容、观点或知识点时，就问问自己："我看到了哪些内容？其逻辑是什么？关于这些内容，我能联想到什么？"这样做的好处是什么？第一，检验自己是否漏掉了某些重要信息，只有尽量不漏掉重要信息，才能真正把看到的信息吸收为自己的；第二，用更深层次的逻辑去理解所看到的信息，从而强迫自己的大脑建立多个联系。

美国著名物理学家费曼对此颇有研究，他提出的学习法（即“费曼学习法”）被证实效果显著。这种学习法并不难，如果要理解或记住一个原理或事件，你可以试着把它讲给另一个人听，并想方设法让对方理解。当你讲授它时，可能需要举例，还可能需要提炼重点信息、重构逻辑……你会调用大脑中的各种相关信息，对它进行深入加工，从而不断强化大脑对它的记忆和理解。比如，在学习勾股定理时，你可以试着把它讲给一个 5 岁的小朋友听，如果对方能听懂，说明你对勾股定理的掌握已经非常到位，你的大脑已经形成了对勾股定理的充分理解，想忘记都很难。

美国著名物理学家费曼

与其说大脑是用来记忆的，不如说是用来思考的。强行记忆某个事物通常比较困难，但如果能深入理解事物，你就会记得更深刻。

某位培训师在做职场相关的线下培训时，经常会带自己的学员玩一个记忆游戏。首先，他会邀请一组人，给他们几十秒的时间记住以下内容：两条腿坐在三条腿上吃一条腿，然后四条腿进来了，从两条腿那里抢走了那一条腿。然后两条腿用三条腿打了四条腿，并夺回了被抢走的那一条腿。

接着，他会邀请另一组人，让他们在相同时间内记住以下内容：一个小伙子坐在一个三脚圆凳上吃鸡腿，忽然进来一条狗抢走了那个鸡腿。小伙子拿起圆凳打了那条狗，并夺回了鸡腿。

结果你猜怎么着？在这位培训师所做的上百场培训中，竟然没有一个人能记住第一段话，而第二段话几乎所有参与者都记住了！相信读到这里的你，多半也对第一段话没什么印象。这是因为，故事能创造画面感，而事实不能。这两段话其实说的是一件事，只不过后者是一个故事，听起来更有画面感，因此也更容易被记住。

当一个故事经过人的大脑时，不仅负责语言处理的脑区会被激活，其他相关的神经回路也会被激活。比如，读到“她有天鹅绒般的声音”这样的句子，就会激活感觉皮质；读到“他狠狠地踹了一下门”之类的句子，则会激活运动皮质。与事实相比，当你通过故事来理解信息时，会有更多的神经元参与其中，于是故事就会与你的记忆紧紧相连。

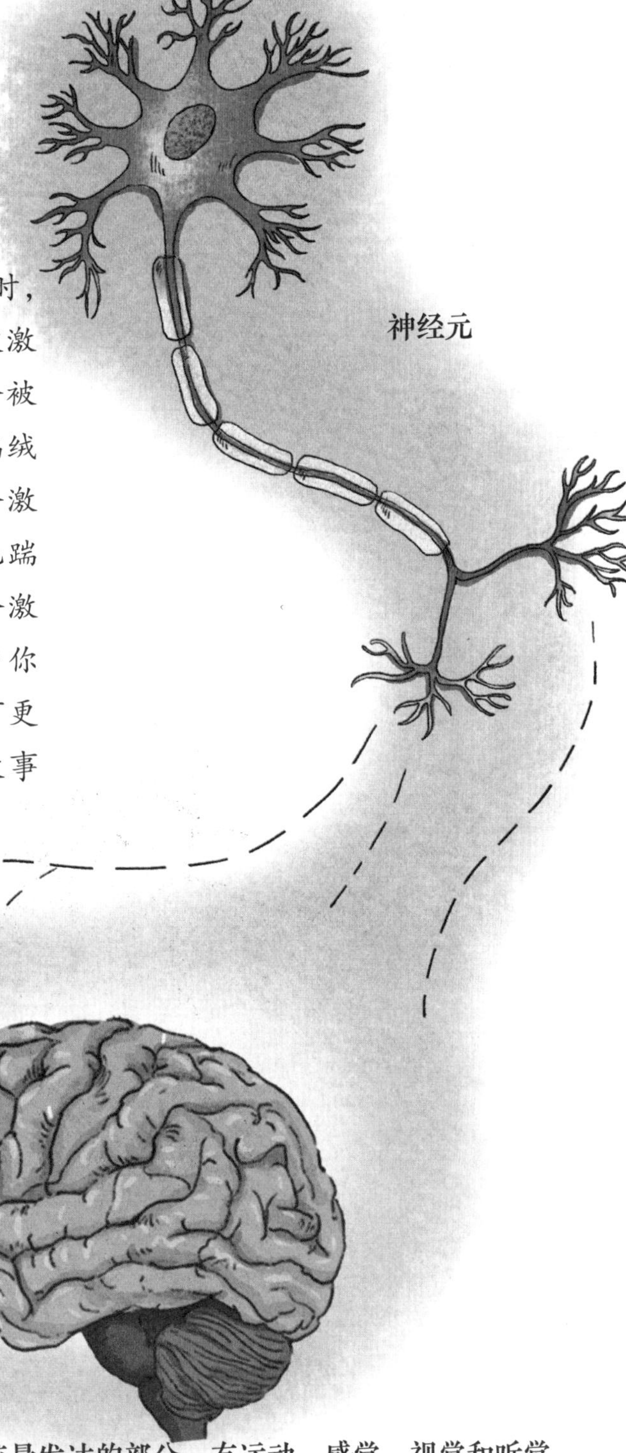

大脑皮质，为神经系统最发达的部分，有运动、感觉、视觉和听觉等功能定位区域

相同的智商，不同的人生

兰根曾是美国智商最高的人，其智商测定结果在 195 ～ 210。他自学了高等数学、哲学、拉丁语和希腊语。但是，他在生活和学术上很不如意，大学期间，他认为自己比教授懂得更多，便辍学了。他一生大部分时间都在做体力工作，收入微薄的工作和他的天才头衔形成鲜明对比。奇怪的是，被誉为“原子弹之父”的奥本海默的智商测定结果为 195，这和兰根的智商水平接近。为什么同样具有高智商，兰根和奥本海默却拥有截然不同的人生呢？

兰根智商测定结果在 195 ～ 210

一些科学家认为，兰根智商虽高，但他缺乏“街头智慧”方面的教育。“街头智慧”是一个人在社交过程中经验的积累。兰根从小缺少家庭温暖，因此他养成了不信任他人、只依靠自己的习惯，这也导致他的沟通能力欠佳；而奥本海默家境优越，他从小就在父母的耳濡目染下学会了与人打交道，学会了如何得到自己想要的东西。兰根的成长环境使他缺乏“街头智慧”，因此即便他拥有超高的智商，最终也只能靠干体力活儿为生。可见，智商并不是成功的唯一决定因素。

“原子弹之父”奥本海默
智商测定结果为 195

智力和智商的区别

什么是智力？这是一个看似简单却很难回答的问题。在“曹冲称象”的故事中，曹冲运用了观察、逻辑、推理、规划、运算等能力，这些都是高级认知能力，属于智力的范畴。智力就是大脑掌握和运用信息的能力。英国心理学家斯皮尔曼认为智力由“普遍因素”和“特殊因素”构成。

晶态智力

液态智力

后来，美国心理学家卡特尔（斯皮尔曼的学生）和他的学生把智力进一步分为“晶态智力”和“液态智力”。晶态智力是人后天习得的知识、技能和经验，液态智力则是一个人与生俱来的学习和解决问题的能力。比如，一旦你学会了骑自行车就永远不会忘记，这是因为你拥有晶态智力，而让你还原魔方就需要发挥液态智力。对于有些研究者来说，这种智力理论似乎还不够。于是，多元智力理论应运而生。

智商是判定智力的一种人为标准，智商并不等同于智力。智商测试通过考察参与者的逻辑推理能力、语言使用能力、空间想象能力、记忆力、判断力等，给出一个参与者相对于同龄人智力水平的分数，这就是智商。假如某个年龄段人群的平均智商为 100，八成人的智商范围会在 90 ~ 110。

为什么聪明的人吵架容易输？

“平生获得的无数赞誉令我难以心安，我不由得将自己视为一个诈骗犯。”猜猜这句话是谁说的？答案是伟大的科学家爱因斯坦。和爱因斯坦一样，很多获得高成就的人总是看低自己的能力和成就，而且这个现象往往出现在智力水平很高的人身上。

“达克效应”描述的则是低认知水平的人反而很自信的现象。毕竟，高智力和超高认知水平的人，更容易认识到自己的局限和他人的过人之处。这也是有些外行人会在自己全无经验的问题上自信满满地与专业人士激烈争论的原因。

当聪明的人觉得某个问题很简单时，他们很可能会认为其他人也有同样的感觉，因而觉得自己的聪明程度属于普通水平。此外，很多聪明的人普遍养成了学习新事物、获取新知识的习惯，因而更有可能认识到自己还有很多不懂的地方，于是他们在下结论时就不总是那么断然。

假如你是个科学家，你在宣布自己发现了某个原理之前，一定会谨慎地审视自己手里的数据和资料，担心别人会指出问题或要求你给出更充分的证据，所以你必然会对自己不知道或不确定的事情非常警觉。这种敏锐的意识常常在辩论或争吵中成为障碍，导致吵架更容易输。

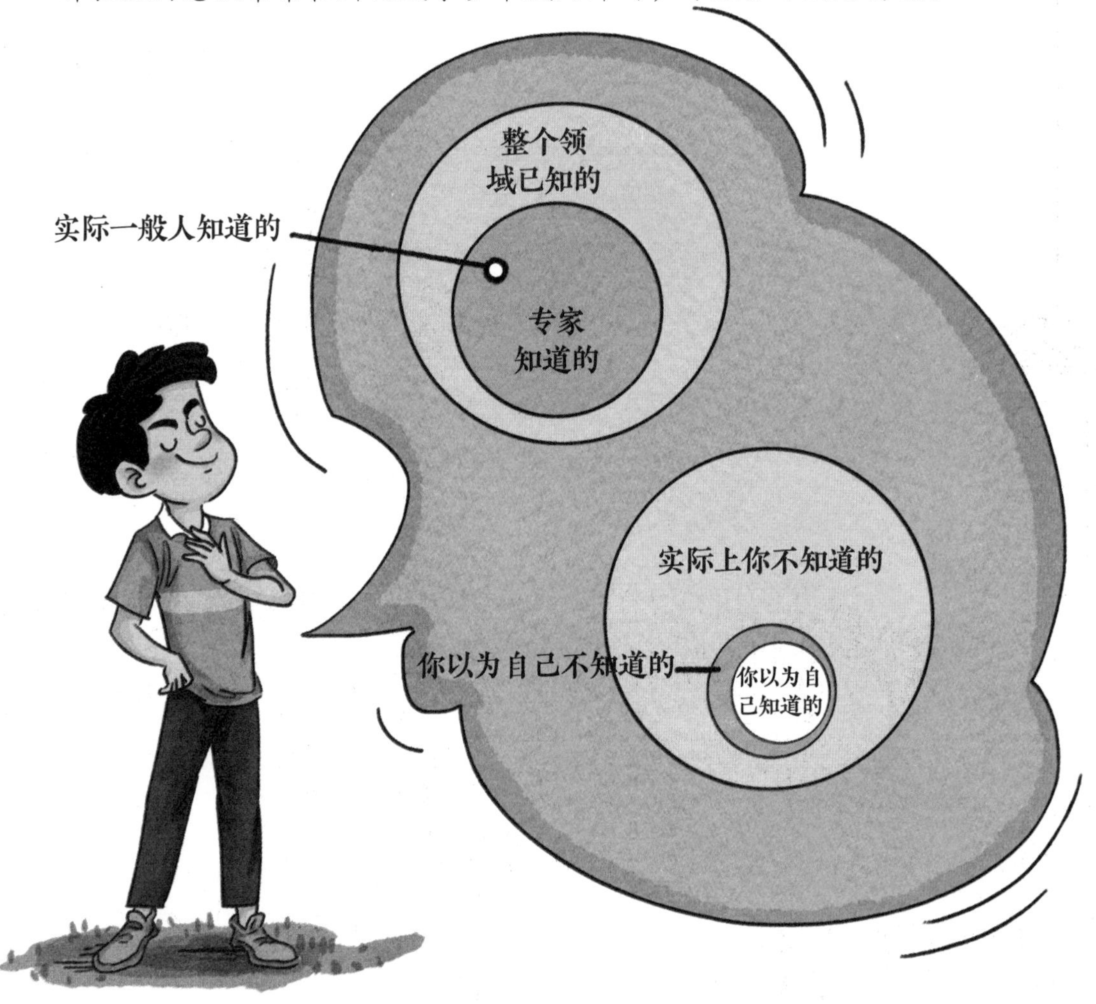

低认知水平的人常常沉浸在自我营造的优势之中，高估自己的能力

孩子的大脑 不一样

你有没有类似这样的经历：你刚上一年级的表弟来你家玩，好奇地把玩着你家阳台上的新式钓鱼竿，然后他跟你讲了一个很长很长的故事——一开始是去年暑假他跟爷爷去钓鱼，然后说爷爷有肾结石……后来他又提到姑姑在电话里说自己没钱付爷爷的医药费……之后，他又说他本打算把外婆给的压岁钱存起来，但最后还是打算用来买辆大大的玩具车……如此种种，说起话来似乎有逻辑，但又有些跳跃。

那你是否知道，这个年龄段的孩子为何思维如此跳跃？

为什么孩子的小脑瓜里有那么多奇奇怪怪的想法？

为什么孩子的小脑瓜里有那么多奇奇怪怪的想法？

孩子大脑的特别之处

都说人类的幼崽一天一个样，他们的外貌在不经意间变化着，身高和体重的长势也很惊人。但如果你能注意他们的思维表现，你会发现，他们的大脑更是在以惊人的速度生长发育着！新生儿大脑仅有成人大脑的 1/4 大。虽然新生儿脑内的神经元数量（约 1 000 亿）比成人的多（约 860 亿），但新生儿大脑还只是个“半成品”，因为其神经元之间连接很少。随着新生儿逐步生长发育，其脑内的每一个神经元会与周围其他的神经元产生连接。

神经元的连接数量在孩子2岁之前呈爆发式增长，这些连接在短短几秒钟内就能创建，一些神经元甚至可以和几十万个相邻的其他神经元产生连接；2岁后，孩子的大脑就会长到成人的3/4大，此时他们脑内神经元连接的数量却是成人的2倍多；孩子长到6岁左右，其脑内神经元连接的数量就会达到峰值，这正是一年级孩子思维跳跃的原因。在孩子眼中，世界上万事万物都是紧密相连、互相影响的。

当孩子哭了，然后父母将其抱起来，这样孩子的大脑里就会形成新的神经元连接

相比于成人的大脑，孩子的大脑具有更强的建立新的神经元连接的能力

也就是说，相比于成人的大脑，孩子的大脑具有更强的建立新的神经元连接的能力，即孩子的大脑具有更强的可塑性。更有趣的是，每一个神经元连接都可以对应一项孩子已经习得的技能：当孩子伸出手去拿自己喜欢的玩具时，其每根手指的动作、力度及方向，都体现在神经元之间不同的连接上；当孩子哭了，然后父母将其抱起来，这样孩子的大脑里就会形成新的神经元连接，即“当我这样做就会产生这样的结果”；每一次父母给孩子喂食，或者带孩子来到一个新的地方，见到陌生人，孩子的大脑里又会形成更多新的神经元连接。可以说，每一个针对外部环境的反应，都会让孩子的大脑发生新一轮的“进化”。

神奇的神经网络“修剪术”

在儿童大脑发育过程中，大脑会指派小胶质细胞实施脑内神经网络“修剪术”，修剪掉那些极少使用的和没有完全形成固定环路的神经元连接。比如在 4 ~ 10 岁，仅仅是大脑中处理视觉信号的神经元连接就大大减少！下次你表弟来你家玩时，你或许可以逗逗他说：“科学证明你的大脑正在失去很多神经元连接！”

其实，脑内神经网络“修剪术”是人类为了提高生存能力而进化出来的一种能力。举个例子，当你读幼儿园时，知道你同桌的名字对你来说应

该很重要；而现在，你已经小学快毕业了，也想不起当时那位同桌姓甚名谁。为了减少对大脑的损耗，类似这样的“无用”信息就会被“修剪”掉。这种对大量神经元连接的“修剪”过程贯穿整个童年时期和青春期，最后你脑内的神经元连接数量就会达到成人水平。

然而，为什么在这么多神经元连接消失的同时，个体还会习得那么多技能呢？你不妨把脑内的神经网络想象成交通网络。在脑内神经网络“修剪术”实施之前，如果你需要从A处走到B处，会有许多大大小小不同的路可供选择。随着经验的积累，你逐渐知道哪些路可以更方便快速地到达目的地，之后自然就更经常走这些路，而渐渐地不去走那些狭小的、低效的路。慢慢地，最常走的那条路就会越变越宽，最终形成超级高速公路，这样从A处到B处就变得最便捷、最容易。也就是说，那些被留下来的神经元连接会随着使用频次的上升而被强化，可谓是“熟能生巧”。此外，每个人在成长过程中形成的脑内的神经网络都是独一无二的，这也就是每个人掌握的技能类型或熟练程度都不一样的原因。

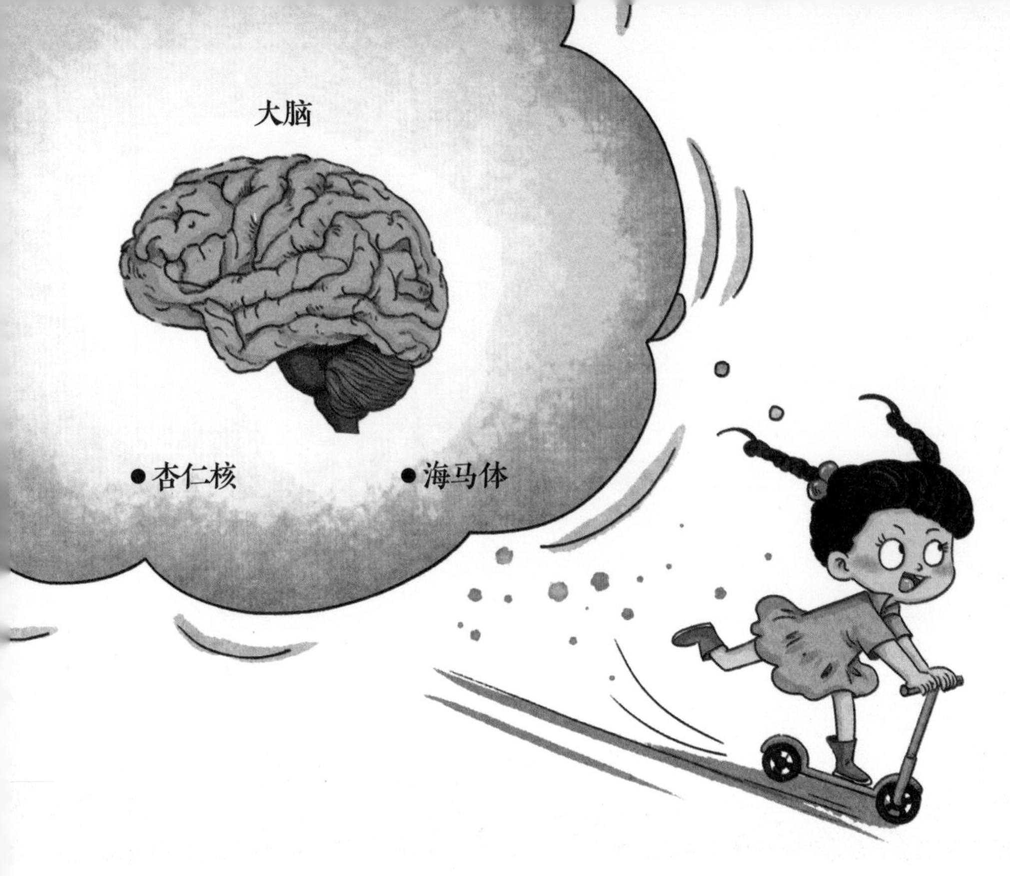

大脑的可塑性也有坏处

孩童期哪些脑内神经元连接会形成？又有哪些会最终保留下来？这都跟孩子的成长经历有关。3～10岁形成的脑内神经元连接为后续的神经元连接提供“范本”，从而影响之后的大脑生长和发育。

以大脑边缘系统的发育为例。杏仁核是边缘系统中的一个重要组织，它会判断所看见的物体的重要性：如果杏仁核反应剧烈，说明眼前的东西很重要，神经信号就会向下发送到自主神经系统，使心跳加速、手掌出现肌肉收缩等；如果杏仁核判断看到的是无关紧要的东西，身体上就没有反应。虽然杏仁核体积不大，但它对情绪的控制十分重要。海马体也是边缘系统中的一个重要组织，它负责记忆的存储和提取。当杏仁核发出信号时，海马体就会把相应的反应储存在记忆里，以便大脑在日后遇到类似情况时参考。

需要注意的是，大脑边缘系统在幼年阶段就基本成型了。因此于孩子而言，在一个安全的、生活有保障的和充满爱的环境中长大特别重要。如果孩子从小被忽视或被虐待，他们的杏仁核和海马体往往会发育比较小，并且功能不正常。这些孩子通常会变得过度警觉——他们经常对周边环境中的潜在威胁充满警惕，并且会更加重视食物、安慰和陪伴等基本需求。这样一来，他们获取新知识的能力就会减弱，因为他们自然而然地会将更多精力放在满足更多的基本需求上。

此外，正常成长经历的缺乏也会对大脑发育产生影响。比如，如果孩子的一只眼睛长时间被遮挡，那么其大脑中的视觉中枢在发育过程中就会受到不可逆的影响。再比如，如果孩子在很小的时候未接触到外界的语言，那么他们学习语言的速度就会很慢。

让我们一起走近大自然，探索奇妙世界吧！